BEI GRIN MACHT SICH IHR WISSEN BEZAHLT

- Wir veröffentlichen Ihre Hausarbeit,
  Bachelor- und Masterarbeit

- Ihr eigenes eBook und Buch -
  weltweit in allen wichtigen Shops

- Verdienen Sie an jedem Verkauf

Jetzt bei www.GRIN.com hochladen
und kostenlos publizieren

Harald Bechtold

Aconitum napellus (Ranunculaceae) im Jamtal (Tirol, Österreich)

Bibliografische Information der Deutschen Nationalbibliothek:

Die Deutsche Bibliothek verzeichnet diese Publikation in der Deutschen National-
bibliografie; detaillierte bibliografische Daten sind im Internet über http://dnb.d-
nb.de/ abrufbar.

Impressum:

Copyright © 2009 GRIN Verlag GmbH
Druck und Bindung: Books on Demand GmbH, Norderstedt Germany
ISBN: 978-3-656-88294-7

GRIN - Your knowledge has value

Der GRIN Verlag publiziert seit 1998 wissenschaftliche Arbeiten von Studenten,
Hochschullehrern und anderen Akademikern als eBook und gedrucktes Buch. Die
Verlagswebsite www.grin.com ist die ideale Plattform zur Veröffentlichung von
Hausarbeiten, Abschlussarbeiten, wissenschaftlichen Aufsätzen, Dissertationen
und Fachbüchern.

Besuchen Sie uns im Internet:

http://www.grin.com/

http://www.facebook.com/grincom

http://www.twitter.com/grin_com

Aconitum napellus (Ranunculaceae) im Jamtal (Tirol, Österreich)

Aconitum napellus im Jamtal, Tirol, Österreich, August 2008 (Foto: H. Bechtold)

Bakkalaureatsarbeit von

Harald Bechtold

im Rahmen der Lehrveranstaltung ´Botanische Exkursionen´

(Sommersemester 2008)

Institut für Botanik

Universität Innsbruck

2009

Inhalt

1 Einleitung

Eisenhut (*Aconitum*) wurde als die giftigste einheimische Pflanze nachweislich seit dem Altertum zum Vergiften von Mensch und Tier verwendet (Friedrich 2002, Kiehn et al. 1996). So fand der römische Kaiser Claudius im Jahre 54 n.Chr. den Tod durch ein mit Eisenhut vergiftetes Mahl. Die Germanen verwendeten ihn als Ködergift gegen Wölfe. Große Bedeutung hatte der Eisenhut auch als Lieferant für Waffen- und Pfeilgift. In Nordostasien wurde *Aconitum maximum* für diesen Zweck verwendet und zur Jagd auf Wölfe, Seeotter, Bären und sogar Wale eingesetzt. In Indien wurde *Aconitum ferox* zur Jagd auf Panther und Tiger verwendet. Im Mittelalter wurden Pflanzenteile und Säfte von *Aconitum napellus* in Europa erstmals auch für medizinische und hygienische Zwecke verwendet. So behandelte man Pestbeulen und Läuse mit dem blauen Eisenhut und vergiftete damit nicht selten den Patienten. Die Pflanze fand nun jedoch auch Anwendung in Hexensalben, worin sie in Kombination mit Nachtschattengewächsen (Solanaceae) wie Bilsenkraut (*Hyoscyamus*) oder Tollkirsche (*Atropa*) durch das kribbeln auf der Haut die Illusion von wachsenden Federn oder Fell und damit Träume vom Fliegen, von Verwandlungen in Tiere oder mit erotischem Inhalt verursachen sollte. Mitte des 16. Jahrhunderts fand der Eisenhut bei den Mauren als Schießkraut bezeichnet den Einzug in die Kriegsführung (Friedrich 2002, Kiehn et al. 1996). Heute begeistert er Wanderer mit seiner Schönheit und findet Anwendung in der Homöopathie.

2 Botanische Bestimmung

Aconitum napellus (Blauer Eisenhut) gehört zum Stamm der Magnoliophyta, Klasse der Magnoliopsida, Ordnung der Ranunculales, Familie Ranunculaceae und ist eine ausdauernde krautige Pflanze, die zwischen 30 und 200 (-250)cm hoch werden kann. Typisch ist die rübenförmige, fleischige Innovationsknolle. Die Stengelblätter sind in ihrer Zerteilung sehr variabel und meist ohne deutliche Netznervatur. Der Blütenstand ist einfach oder mit Seitentrauben, wobei die Endtraube eventuelle Seitentrauben deutlich überragt. Die Vorblätter sind 1–8 (15)mm lang, dreieckig, linealisch bis lanzettlich, allseits krummhaarig und sitzen meist kurz unter dem aufrecht abstehenden, dicht krummhaarigen Blütenstiel. Der Helm ist stets breiter als hoch und die äußeren Blütenblätter sind meist tiefblau bis dunkelviolett, selten rötlich-violett, lila oder weiß-violett gescheckt, außen dicht krummhaarig, innen gewimpert (Starmühler 2008).

3 Verbreitung

Die Gattung *Aconitum* ist auf der ganzen nördlichen Halbkugel verbreitet, beschränkt sich jedoch auf die Gebiete, in denen die Hummelgattung *Bombus* vorkommt, dem wichtigsten Bestäuber der *Aconitum* Blüten (Hegi 1975).

In den Abbildungen 1 und 2 sieht man eine Hummel bei der Bestäubung von *Aconitum napellus* im Jamtal.

Abb. 1: Hummel bei der Bestäubung von *Aconitum napellus* im unteren Jamtal, Tirol, Österreich 25.08.2008, im Hintergrund: *Senecio fuchsii* (gelb) (Foto: H. Bechtold, bearbeitet).

Abb. 2: Hummel bei der Bestäubung von *Aconitum napellus* im oberen Jamtal, Tirol, Österreich 25.08.2008, links: *Carduus defloratus*, rechts: *Adenostyles alliariae* (Foto: H. Bechtold, bearbeitet).

Der blaue Eisenhut kommt dabei vor allem in subalpinen Hochstaudenfluren oder auch in montanen Erlenauenwäldern oder Weidenbüschen vor. Häufig findet man ihn an Bächen, Quellen, Viehlägern oder in kleinen Felsspalten, er bevorzugt dabei kühlen, feuchten, nährstoff- und basenreichen Boden. Im subalpinen Bereich ist er in Adenostylion- oder Rumicion alpini-Gesellschaften anzutreffen, im montanen Bereich im Alno-Padion, Berberidion, Salicion elaeagni oder Filipendulion (Hegi 1975).

Die europaweite Verbreitung des blauen Eisenhuts ist in Abb.3. dargestellt.

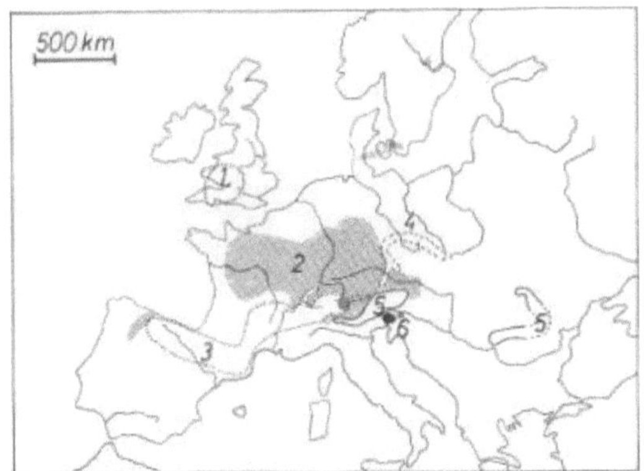

Abb. 3: Übersicht (nach Hegi 1975) über die Verbreitung von *Aconitum napellus* L. subsp. *napellus* (1), subsp. *neomontanum* (WULF.) GÁYER (2), subsp. *vulgare* ROUY et FOUC (3), subsp. *hians* (RCHB.) GÁYER (4), subsp. *tauricum* (WULF.) GÁYER (5), und A. *angustifolium* BERNH. Ex RCHB. (6) in Europa (n. SEITZ 1969). Die rot markierte Fläche zeigt die ungefähre Position des Jamtals.

Das Jamtal lieg an der Grenze zwischen den Verbreitungsgebieten der Subspezies *neomontanum* (2) und *vulgare* (3), da die Karte jedoch den Stand von 1969 widerspiegelt, könnte unter Umständen auch die Subspezies *tauricum* (5) inzwischen bis ins Jamtal vorgedrungen sein. Während nach Hegi (1975) bei subsp. *neomontanum* die Blattabschnitte der Stengelblätter meist breiter als 3mm sind und der Blütenstand breit ausladende Seitenäste entwickelt, hat subsp. *vulgare* mit 1-2mm schmälere Blattabschnitte und einen unverzweigteren Blütenstand. Subsp. *tauricum* zeichnet sich durch einen kahlen oder spärlich behaarten Blütenstand und außen unbehaarte Helme, sowie einen meist unverzweigten Blütenstand aus (Hegi 1975).

4 Erläuterungen zum Jamtal

Das Jamtal liegt im Silvrettakristallin, südlich der Gemeinde Galtür in Tirol, Österreich, nahe an der Grenze zur Schweiz. Eine tektonische Übersicht ist in Abb.4 dargestellt.

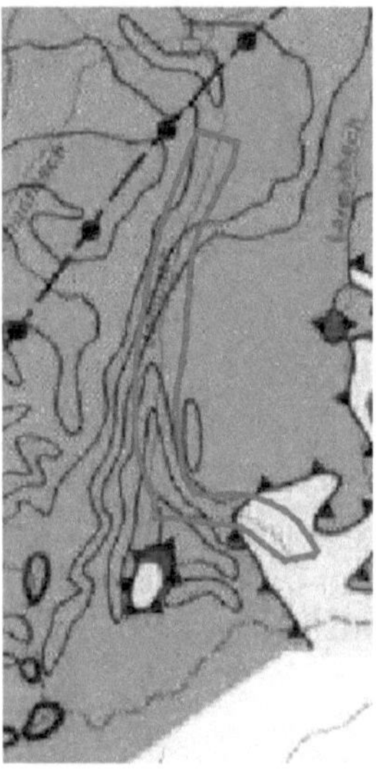

Abb. 4: Tektonische Übersicht des Jamtals in Tirol, Österreich, nach Fuchs (1990; bearbeitet), grün: Amphibolit-Paragneis-Komplex, lila: Ortho und Mischgneis, gelb: Fimberzone, blau: Rozschiefer, tonig quarzitisch-kalkiger Phyllit. Das Jamtal und damit das kartierte Gebiet (rot umrandet) verlaufen entlang des Jambachs.

Auf Höhe der Scheibenalm und nördlich der Schnapfenalm überdeckt Amphibolit den sonst vorherrschenden Para- und Orthogneis, mit dem auch komplizierte Vermischungen stattfinden (Fuchs 1982). Die geologischen Begebenheiten zeigt Abb.5.

Abb .5: Geologische Karte des Jamtals, nach Fuchs (1990; bearbeitet). Die weißen Flächen westlich des Jambachs sind Schuttkegel und Hangschuttgebiete, die östlich des Jambachs bestehen aus Quellkegeln, die hellgelben Flächen sind Moränen und Verbauungssedimente, die kleinen gelben Flächen bunte Bündner Schiefer. Die ungefähr kartierte Fläche ist rot umrandet.

Die frühgeschichtliche menschliche Nutzung dieser Gegend wurde erst kürzlich im Rahmen des Forschungsprogramms „Rückwege", einem Projekt der Universität Zürich in Zusammenarbeit mit der Universität Innsbruck und den denkmalpflegerischen Fachstellen von Tirol (BDA) und Graubünden (AGD) untersucht. Dabei wurde unter anderem die in Abb. 6 dargestellte mittelalterliche Feuerstelle im Jamtal gefunden. Die mittelalterliche und neuzeitliche almwirtschaftliche Nutzung des Gebietes war jedoch schon durch schriftliche Quellen bekannt (Reitmeier und Walser 2008).

Abb. 6: Hochmittelalterliche Feuerstelle am Lagerplatz Rossboden im Jamtal (Foto: Th. Reitmaier aus Reitmaier und Walser 2008).

Weiters brachte diese Untersuchung im Jamtal jedoch auch die in Abb. 7 dargestellte kupferzeitliche Feuerstelle aus dem letzten drittel des vierten Jahrtausends vor Christus zu Tage, welcher mit anderen Funden eine almwirtschaftliche Nutzung des Gebietes bereits in vorrömischer, urgeschichtlicher Zeit belegt (Reitmeier und Walser 2008).

Abb. 7: Feuerstelle im Jamtal, 3300-3000 v. Chr. (Foto: Th. Reitmaier aus Reitmaier und Walser 2008).

5 Standortbestimmung

Grundsätzlich kommt der blaue Eisenhut *Aconitum napellus* fast nie allein stehend im Jamtal vor. Meist sind mehrere Pflanzen in Clustern organisiert und zusätzlich in einem geschützten Verband mit einer anderen, niedriger wachsenden Pflanze vergesellschaftet. Er kommt meist an feuchten Standorten wie kleinen Quellbächen oder Rinnsalen, oder aber halbschattig in Mulden, Felsnischen oder an anderen schattenspendenden Objekten wie Mauern oder Ähnlichem vor, und dies auf ausreichend entwickeltem Boden mit genügend mächtigem Auflagehorizont.

In Abb. 8 sind die verschiedenen Vorkommen von *Aconitum napellus* im Jamtal grob schematisch in eine Sattelitenkarte des Jamtals eingezeichnet.

Abb. 8: Verbreitungskarte für *Aconitum napellus* im Jamtal, Tirol, Österreich, 2008, Karte: Google Earth 2008 (bearbeitet). Gelb umrandet: *Aconitum napellus* vergesellschaftet mit *Senecio fuchsii*, lila: vergesellschaftet mit *Adenostyles alliariae*, grün: vergesellschaftet mit *Carduus defloratus* und *A. alliariae*, blau: vergesellschaftet mit *C. defloratus* und *A. alliariae*; in den gelb und lila umrandeten Flächen kommt *Aconitum napellus* groß, lockertraubig, häufiger verzweigt vor, in den grün und blau umrandeten klein, dichttraubig, seltener verzweigt. Die Zahlen bezeichnen die drei räumlich voneinander getrennten Vorkommen. Die gelbe Linie rechts im Bild zeigt die Grenze zur Schweiz.

Im Unteren Jamtal kommt, wie in Abb. 9 zu sehen, ein bis 1,6m hoch wachsender *A. napellus* mit lockeren Blütentrauben vor, der sich fast ausschließlich mit *Senecio fuchsii*, dem Fuchs-Kreuzkraut vergesellschaftet, nur selten mit dem Wacholder *Juniperus communis*.

Abb. 9: Vergesellschaftung von A. *napellus* mit *Senecio fuchsii* (Gelb) und *Juniperus communis* (unten rechts) im unteren Jamtal, August 2008 (Foto: H. Bechtold).

Ab dem Punkt A.A.n.Aa (Anfang *Aconitum napellus A. alliariae*) auf einer Meereshöhe von ca 1910m findet sich der blaue Eisenhut, wie in Abb. 10 zu sehen, auch in Gesellschaft mit dem Alpendost *Adenostyles alliariae*, der zwar einen höheren Blütenstand hat, aber dafür nur ein grundständiges Laubblatt und somit dem Eisenhut das Licht nicht streitig macht.

Abb. 10: Gesellschaft von *A. napellus* und *Adenostyles alliariae* (Rosa) im mittleren Jamtal, August 2008 (Foto: H. Bechtold).

Wie in Abb. 11 zu sehen, kommt A. *napellus* aber auch noch bis zum Punkt E.A.n.Sf (Ende *Aconitum napellus Senecio fuchsii*) auf ca. 1930m mit dem Fuchs-Kreuzkraut vergesellschaftet vor. Die schraffierte Fläche in Abb. 8 zwischen diesen Punkten markiert den Bereich, in dem beide Vergesellschaftungsformen nebeneinander vorkommen. Oberhalb dieses Punktes kommt S. *fuchsii* im Jamtal nicht mehr vor. Der blaue Eisenhut wird in dieser Fläche zunehmend kleiner und dichter, die Grenzen sind also eher als fließend anzusehen.

Abb. 11: Gesellschaft von *A. napellus*, *S. fuchsii* und *A. alliariae* im mittleren Jamtal, August 2008 (Foto: H. Bechtold).

Am Punkt E.A.n.1 (Ende *Aconitum napellus* 1) auf ca 2020m endet das Vorkommen des hohen blauen Eisenhuts mit lockeren Trauben und erst am Punkt A.A.n.2 (Anfang *Aconitum napellus* 2) auf ca. 2080m kommt wieder blauer Eisenhut auf, diesmal jedoch ein niedriger, nur bis 0,8m hoch wachsender, mit dichten Trauben. Die meisten Exemplare hier werden jedoch noch kleiner. Oberhalb der Jamtalhütte kommt der blaue Eisenhut, wie in Abb. 12 sichtbar, sehr häufig in Vergesellschaftung mit der Alpendistel *Carduus defloratus* vor, aber auch häufiger als im unteren Jamtal mit *Juniperus communis* und auch weiterhin mit *A. alliariae*. Jedoch endet das Vorkommen schon auf ca. 2235m wieder am Punkt E.A.n.2 (Ende *Aconitum napellus* 2).

Abb. 12: Gesellschaft von *A. napellus* und *Carduus defloratus* (braun, da verblüht, mit den gezahnten Blättern) im oberen Jamtal, August 2008 (Foto: H. Bechtold).

Erst auf ca. 2345m beim so genannten „Breiten Wasser", ca. 110 Höhenmeter und 960m Luftlinie weiter kommt er mit einem Mal wieder massenhaft auf, wie in den Abbildungen 13 und 14 zu sehen ist.

Abb. 13: Massenhaftes Aufkommen von *A. napellus* oberhalb des „Breiten Wassers", Jamtal, August 2008 (Foto: H. Bechtold).

Abb. 14: Das „Breite Wasser" im oberen Jamtal, die Pfeile markieren einige Vorkommen von *A. napellus*, August 2008 (Foto: H. Bechtold, bearbeitet).

Dieser hoch gelegene Bestand von ebenfalls klein gewachsenem dichttraubigen *A. napellus* dehnt sich bis zum Punkt E.A.n.3 (Ende *Aconitum napellus* 3) auf ca 2390m aus, der in Abb. 15 zu sehen ist. Immer wieder durchziehen hier kleine oder größere Geröllabgänge die Hänge. Weder auf jüngeren noch auf älteren dieser Schotterböden kommt *A. napellus* vor, sondern nur auf den entwickelteren Böden mit ausreichend mächtigem Horizont. Seine rübenförmigen Wurzelknollen reichen dabei ca. 2,5cm in den Boden, während die feineren Nebenwurzeln tiefer vordringen, wenn es ihnen möglich ist.

Abb. 15: Der höchste von mir im Jamtal gefundene *Aconitum napellus* auf ca 2390m, Jamtal, August 2008, links: Überblick, im Hintergrund ist ein Geröllhang zu sehen, rechts: der noch nicht blühende *A. napellus* in Vergesellschaftung mit *Carduus defloratus*. (Foto: H. Bechtold, bearbeitet)

6 Auswertung

Nach Hegi (1975) handelt es sich bei dem unteren Vorkommen (gelb und lila in Abb.8) um *A. napellus* subsp. *neomontanum*, bestimmt anhand der ca. 3mm breiten Blattabschnitte, des etwas weniger tiefen Blattmittelsegmenteinschnittes und der verzweigteren Infloreszenz. Nach Fischer et al. (2005) würde man ihn als *A. napellus* subsp. *napellus* bestimmen, jedoch räumen die Autoren ein, dass dieses Taxon laut International Code of Botanik Nomenclature (ICBN) *A. napellus* subsp. *lusitanicum* heißen müsste, nach zeitgemäßer biosystematischer Sicht jedoch die Unterarten höchstens als Varietäten anzusehen seien. Auch im deutschen Bundesinformationssystem für genetische Ressourcen BIGTAX, werden diese vermeintlichen Unterarten als Synonyme aufgelistet (Bundesamt für Naturschutz Bonn et al. 2008).

Die beiden oberen Vorkommen (grün und blau in Abb. 8) habe ich nach Hegi (1975) aufgrund der dünneren Blattzipfel von nur 2mm, der unverzweigteren Infloreszenz und des tieferen Einschnitts des Blattmittelsegments bis zu 70% als *A. napellus* subsp. *vulgare* bestimmt, jedoch sind die Exemplare meist recht klein für diese Unterart. Nach Fischer et al. (2005) käme man anhand der außen kahlen Perigonblätter und der behaarten Vorblätter auf den Südtirol-Eisenhut *A. tauricum* subsp. *latemarénse*, der eine Wuchshöhe von (15)40-80(100) cm erreicht und somit besser zur Größe der von mir gefundenen Exemplare passt. Nach dem Manuskript von Dr. Starmühler (2008) wären beide Vorkommen anhand der kahlen Fruchtblätter und der (3–) 4–8 (–15) mm langen Vorblätter auf *A. napellus* subsp. *napellus* zu bestimmen, welche auch als im Silvretta Gebiet vorkommend angegeben wird. Von der laut Starmühler (2008) ebenfalls im Silvretta Gebiet vorkommenden nothosubspezies *polatschekii* unterscheiden sie sich durch die unbehaarten Fruchtblätter und die größeren Vorblätter.

Das höchste von mir gefundene Vorkommen von *A. n. napellus* im Jamtal auf 2390m, befindet sich an der oberen Grenze der Höhentoleranz dieser Unterart. Polatschek (2000) berichtet nur im oberen Kaunertal mit 2500m und am Schmalzkopf bei Nauders mit 2700m von höher liegenden Vorkommen.

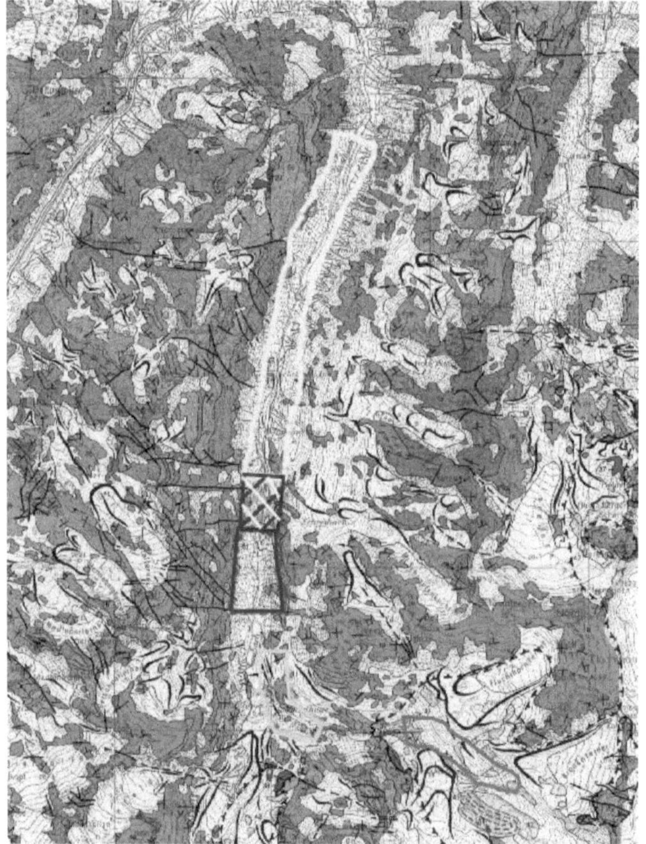

Abb.16: Vorkommen von *A. napellus* in der geologischen Karte des Jamtals nach Fuchs (1990; bearbeitet) eingezeichnet.

Gelb umrandet: vergesellschaftet mit *S. fuchsii*, lila: vergesellschaftet mit *A. adenostyles*, grün: vergesellschaftet mit *C. defloratus* und *A. alliariae*, blau: vergesellschaftet mit *C. defloratus* und *A. alliariae*, in den gelb und lila umrandeten Flächen kommt *A.. n.* subsp. *neomontanum* bzw. subsp. *napellus* (groß, lockertraubig, häufiger verzweigt) vor, in den grün und blau umrandeten *A. n.* subsp. *vulgare*, subsp. *napellus* bzw. *A. t.* subsp. *latemarénse* (klein, dichttraubig, seltener verzweigt).

Auffällig ist, dass A. *napellus* subsp. *vulgare*, subsp. *napellus*, bzw A. *tauricum* subsp. *latemarénse* (klein, dichttraubig, unverzweigt) im Jamtal nur auf Moränen und Verbauungssedimenten vorkommt, während A. *napellus* subsp. *neomontanum* bzw. subsp. *napellus* (groß, lockertraubig, häufiger verzweigt) nur auf Schuttkegeln, Hangschuttgebieten und Quellkegeln vorkommt, sprich der Übergang der Subspezies genau auf dem Übergang des Untergrundes von statten geht. Zur besseren Orientierung ist in Abb. 16 die geologische Karte mit der Verbreitungskarte kombiniert. Ob dies am geologischen Untergrund liegt, von der steigenden Höhe verursacht wird, oder schlicht Zufall ist, ist anhand meiner Daten nicht ableitbar, diese Arbeit könnte jedoch als Anregung für dahingehende Forschungsarbeiten dienen.

7 Medizinische Nutzung

A. *napellus* wurde früher vor allem bei Neuralgien, Gicht, Bluthochdruck, Rheuma und als allgemeines Schmerzmittel verwendet (Baillie et al. 1998), findet heute jedoch aufgrund der geringen therapeutischen Breite keine Anwendung mehr in der Allgemeinmedizin. In der Homöopathie wird er in Verdünnungen ab 10^6 gegen Kopfschmerzen, Herzklopfen, Fieber, Angstzustände, Aufregung und vieles mehr verwendet (Enders 1998).

8 Giftigkeit

Der blaue Eisenhut *Aconitum napellus* gilt als die giftigste einheimische Pflanze. Neben Benzoylaconin, Isaconitin, Benzaconin, Acetylbenzoylmesaconin, Acetylbenzoylhypaconin, Aconin, Napellin, Neopellin und Neolin ist der in Abb. 17 dargestellte Hauptwirkstoff Acetylbenzoylaconin, kurz Aconitin, in allen Pflanzenteilen, besonders aber in Wurzel und Samen, enthalten und wird selbst über unverletzte Haut gut resorbiert (Roth et al. 1994).

Aconitin bindet an offene spannungsaktivierte Na^+ Kanäle von Nervenzellen und hält sie dadurch nach Aktionspotentialen länger offen (Catterall 1980), wodurch es zu einem stetigen Na^+ Einstrom in die Zelle kommt. Dadurch wird die intrazelluläre Na^+ Konzentration erhöht und die Zelle gleichzeitig depolarisiert (Friese et al. 1997). Durch diese Depolarisation kommt es höchst wahrscheinlich zu einer Aktivierung der spannungsabhängigen Ca^{2+} Kanäle und damit zu Ca^{2+} Einstrom in die Zelle. Es wird vermutet, dass das einströmende Ca^{2+} die Ausschüttung von γ-Aminobuttersäure und Glutamat an den jeweiligen Synapsen erhöht. Durch die erhöhte Ausschüttung von Neurotransmittern von inhibitorischen und erregenden präsynaptischen Nervenenden, verändert sich die Erregbarkeit der postsynaptischen Membran, welche ohnehin schon vom direkten Effekt des Aconitins depolarisiert wurde (Yamanaka et al. 2002).

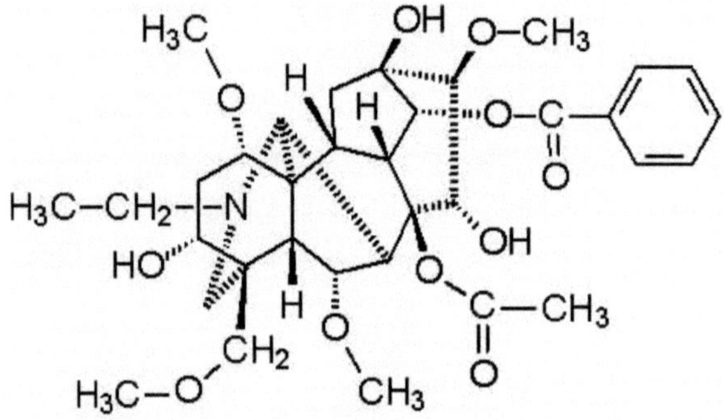

Abb. 17: Strukturformel von Aconitin aus der BGIA GESTIS Stoffdatenbank (Berufsgenossenschaftliches Institut für Arbeitsschutz der Deutschen Gesetzlichen Unfallversicherung 2008)

Insgesamt stellen sich zunächst eine Erregung und danach eine Hemmung der sensorischen und motorischen Nerven und je nach Dosis auch des Zentralen Nervensystems ein (Hiller & Melzig 2003).

Die Vergiftungserscheinungen äußern sich in Kälteempfindlichkeit, Schwindel, Übelkeit mit Erbrechen, Erregung, Krämpfen, Bradykardie, Lähmungen der Zunge, der Gesichts und Extremitätsmuskeln, zentraler Atemlähmung, Herzrhythmusstörungen und Kreislauflähmung (Roth et al. 1994).

Für einen erwachsenen Menschen gelten 2-5 mg Aconitin (Hänsel et al. 1992) oder 2-15 g der frischen Pflanze (Frohne & Pfänder 1997) oral aufgenommen als tödliche Dosis.

9 Hinweise auf Gefährdung

Der blaue Eisenhut ist in Österreich häufig bis zerstreut vorkommend, jedoch regional gefährdet und daher teilweise geschützt. Besondere Gefahr geht für ihn vor allem vom Gewässerausbau und der daraus resultierenden Absenkung des Grundwasserspiegels aus, da im Zuge dieser Maßnahmen oft Auwälder zu landwirtschaftlichen Nutzflächen umgewandelt werden (Nebel et al. 1990). Dies betrifft jedoch hauptsächlich Vorkommen in tieferen Lagen, im Jamtal kommt *A. napellus* häufig vor.

10 Zusammenfassung

Seit dem Altertum wird Eisenhut (*Aconitum*) vom Menschen verwendet, um Tiere und Menschen zu vergiften. Das im blauen Eisenhut enthaltene Aconitin gilt als einer der giftigsten Pflanzeninhaltsstoffe. Es hält spannungsaktivierte Na$^+$ Kanäle von Nervenzellen offen. Insgesamt stellen sich Kälteempfindlichkeit, Schwindel, Übelkeit mit Erbrechen, Bradykardie, zentrale Atemlähmung, Herzrhythmusstörungen und Kreislauflähmung ein. Deshalb fand der blaue Eisenhut auch Anwendung in der Volksmedizin und als Komponente berauschender Mixturen.

Der zu den Hahnenfußgewächsen (Ranunculaceae) gehörende blaue Eisenhut (*Aconitum napellus*) kann Größen von 30 bis 250 cm erreichen und zeichnet sich durch eine, den lateinischen Artnamen gebende, rübenförmige (napellus = Rübchen) Innovationsknolle, traubigen Blütenstand und die breiteren als hohen Helme aus.

Verbreitet ist die Gattung *Aconitum* auf der gesamten nördlichen Halbkugel dort, wo auch der wichtigste Bestäuber, die Hummelgattung *Bombus* vorkommt. Der blaue Eisenhut kommt dabei vor allem in subalpinen Hochstaudenfluren oder montanen Erlenauenwäldern vor. Häufig findet man ihn an Bächen, Viehlägern oder in kleinen Felsspalten, er bevorzugt dabei kühlen feuchten Boden und vergesellschaftet sich vor allem mit *Rumex, Berberis* oder *Salix*. Der blaue Eisenhut ist vor allem in tieferen Lagen durch Gewässerausbaumaßnahmen lokal gefährdet, im Jamtal jedoch kommt er häufig vor.

Das Jamtal liegt im Silvrettakristallin, südlich der Gemeinde Galtür in Tirol, Österreich. Im unteren Jamtal finden sich Schutt- und Quellkegel, im oberen Moränensedimente. Die menschliche Nutzungsgeschichte des Jamtals ist bis in urgeschichtliche Zeit belegt. Im unteren Jamtal findet sich hoch wachsender, lockertraubiger *Aconitum napellus* ssp. *napellus*, der sich mit *Senecio fuchsii* vergesellschaftet. Erst im mittleren Jamtal kommt auch eine Vergesellschaftung mit *Adenostyles alliariae* auf, während *S. fuchsii* langsam verschwindet. Im oberen Jamtal kommt niedrig wachsender dichttraubiger *Aconitum napellus* ssp. *napellus*, vor allem in Vergesellschaftung mit *Carduus defloratus* und *A. alliariae* vor. Auffällig ist hierbei, dass der Übergang der Wuchsformen, welche nach der Literatur unterschiedliche Subspezies darstellen, genau auf dem Übergang des Untergrundes von Schuttkegeln zu Moränensedimenten zu liegen kommt.

11 Literatur

Baillie, L.C., Batsanov, A., Bearder, J.R. & Whiting, D.A., (1998): Synthesis of the A/E/F Sections of Conaconitine, Napelline and Related Diterpenoid Alkaloids of the Aconitine Group. J. Chem. Soc., Perkin Trans, 1: 3471-3478.

Berufsgenossenschaftliches Institut für Arbeitsschutz der Deutschen Gesetzlichen Unfallversicherung (2008): GESTIS-Stoffdatenbank Gefahrstoffinformationssystem der gewerblichen Berufsgenossenschaften.
http://biade.itrust.de/biade/lpext.dll?f=templates&fn=main-hit-h.htm&2.0 (23.09.2008).

Bundesamt für Naturschutz, Bonn, Institut für Pflanzengenetik und Kulturpflanzenforschung, Gatersleben, Informations- und Koordinationszentrum Biologische Vielfalt, der Bundesanstalt für Landwirtschaft und Ernährung in Bonn & Verband botanischer Gärten (2008): BIGTAX Bundesinformationssystem Genetische Ressourcen Taxonomie Browser.
http://www.big-flora.de/inhalt.htm (01.10.2008).

Catterall, W.A. (1980): Neurotoxins that act voltage-sensitive sodium channels in excitable membranes. Annu. Rev. Pharmacol. Toxicol. 20: 15-43.

Enders, N. (1998): Enders Handbuch der Homöopathie. Heidelberg, Haug Verlag.

Fischer, M.A., Adler, W. & Oswald, K. (2005): Exkursionsflora für Österreich, Liechtenstein und Südtirol. Linz, Land Oberösterreich, Biologiezentrum der OÖ Landesmuseen, 2. überarbeitete Auflage.

Friedrich, T., (2002), Hexenkräuter Wissenschaft und Mythos.
www.hexenkuchl.org/downloads/diplomarbeit.pdf (12.08.2008).

Friese, J., Gleitz, J., Gutser, U.T., Heubach, J.F., Matthiesen, T., Wilfert, B. & Selve, N. (1997): Aconitum sp. alkaloids: the modulation of voltage-dependent Na+ channels, toxicity and antinociceptive properties. Eur. J. Pharmacol. 337: 165-174.

Frohne, D. & Pfänder, H.J. (1997): Giftpflanzen. Stuttgart, Wissenschaftliche Verlagsgesellschaft mbH, 4. Auflage.

Fuchs, G. (1982): Bericht 1982 über geologische Aufnahmen auf Blatt 170 Galtür.
http://www.geologie.ac.at/filestore/download/gok_ab_170.pdf (07.09.2008).

Fuchs, G. (1990): Geologische Karte der Republik Österreich 170 Galtür. Wien, Geologische Bundesanstalt.
http://www.geologie.ac.at/SEARCH/BASIS/gbadb1/db1www2/OK_50_1/DDW?W=OK_ID=%27170%27 (07.09.2008).

Hänsel, R., Keller, K., Rimpler, H. & Schneider, G. (Hrsg., 1992): Hagers Handbuch der pharmazeutischen Praxis: Drogen A-D. Berlin Heidelberg, Springer Verlag, 5. Auflage.

Hegi, Gustav (1975): Illustrierte Flora von Mitteleuropa. Paul Parey Verlag Berlin und Hamburg, 2. überarbeitete Auflage, III. Band, 3.Teil Dicotyledones.

Hiller, K. & Melzig, M. F. (2003): Lexikon der Arzneipflanzen und Drogen 1, Heidelberg Berlin, Spektrum Akademischer Verlag GmbH.

Kiehn, M., Lassing, P., Liebhart, T., Schembera, E. & Walter, J. (1996): Giftpflanzen, Katalog zur Ausstellung im Institut für Botanik und Botanischen Garten der Universität Wien.
http://www.botanik.univie.ac.at/hbv/download/gift_blauer_eisenhut.pdf (16.09.2008).

Nebel, M., Philippi, G., Quinger, B., Rösch, M., Schiefer, J., Sebald, O. & Seybold, S. (1990): Die Farn und Blütenpflanzen Baden-Württembergs, Band 1: Allgemeiner Teil, Spezieller Teil (Pteridophyta, Spermatophyta). Stuttgart, Eugen Ulmer Verlag.

Polatschek, A. (2000): Flora von Nordtirol, Osttirol und Voralberg. Innsbruck, Athesia Tyrolia Druck, Band 3.

Reitmaier, T. & Walser, C. (2008): Ein grenzüberschreitendes archäologisches Survey-Projekt im Silvrettagebirge.
http://www.anisa.at/silvretta%20reitmaier%202008%20pdf.pdf (23.08.2008).

Roth L., Daunderer, M., Kormann, K. (1994): Giftpflanzen - Pflanzengifte, Vorkommen - Wirkung - Therapie - Allergische und phototoxische Reaktionen. Landsberg/Lech, Nikol Verlag, 4. überarbeitete Auflage.

Starmühler, W. (2008): Manuskript zur Aconitum Gruppe für Hegi, Illustrierte Flora von Mitteleuropa. 3. Auflage. Ranunculaceae Band.

Yamanaka, H., Doi, A., Ishibashi, H. & Akaike, N. (2002): Aconitine facilitates spontaneous transmitter release at rat ventromedial hypothalamic neurons.
http://www.ncbi.nlm.nih.gov/pubmed/11834630?dopt=Abstract (30.07.2008).